NOTICE

SUR

L'ANCIENNE CATHÉDRALE

D'ARRAS

ET SUR

la Nouvelle Église St.-Nicolas.

ARRAS,
Imprimerie d'Aug. Tierny,
RUE ERNESTALE, N.º 292.

1839.

NOTICE

SUR

L'ANCIENNE CATHÉDRALE

D'Arras

ET

SUR LA NOUVELLE ÉGLISE SAINT-NICOLAS.

ARRAS,

Imprimerie d'Aug. Tierny,

RUE ERNESTALE, N.° 292.

—

1839.

Aux Paroissiens de St.-Nicolas;

Aux Habitans d'Arras.

Ce fut un beau jour que celui où les habitans d'Arras, d'un mouvement spontané, se portèrent en foule sur la place de la Préfecture, pour assister à la bénédiction et à la pose de la première pierre de la nouvelle église St.-Nicolas; ce fut un jour de fête pour notre ville, un jour de triomphe pour la religion; en ce jour, qui a produit des impressions profondes et laissé des souvenirs précieux, je conçus le projet, que j'exécute enfin, de présenter aux paroissiens de St.-Nicolas et aux habitans d'Arras cette courte Notice sur l'ancienne cathédrale et sur la nouvelle église qui commence à s'élever dans le Cloître : elle a été composée sur des documens authentiques et dans un esprit tout de paix et de charité.

Notice

Sur l'ancienne Cathédrale d'Arras

ET

SUR LA NOUVELLE ÉGLISE Sᵀ.-NICOLAS.

La place de la Préfecture où commence à s'élever l'église paroissiale de St.-Nicolas, est célèbre depuis longtems sous le rapport religieux. C'est là, au milieu de cette place, que fut bâtie la première église de l'Artois, au 4.ᵉ siècle de l'ère chrétienne, et depuis, c'est-à-dire pendant plus de 1,400 ans, nul autre que la religion n'y eut de monument.

Vers l'an 390, comme une grande partie des Gaules était encore idolâtre, St.-Diogène, Grec de nation, envoyé par le pape St.-Sirice, arriva à Rheims. Sacré évêque par St.-Nicaise, alors évêque de cette ville (*), il reçut en partage d'aller évangéliser le peuple de l'Artois, à qui, selon le sentiment le plus probable, personne encore n'avait parlé de Jésus-Christ. Le saint, par son courage et sa persévérance, surmonta toutes les difficultés, et sa sainteté, ainsi que ses miracles, éclatant aux yeux de tous, il eut bientôt le bonheur de convertir un grand nombre de personnes dans Arras même, capitale de la

---

(*) Voilà pourquoi St.-Nicaise était en si grande vénération à Arras. — La paroisse St.-Nicaise, le cimetière St.-Nicaise, la rue St.-Nicaise.

province et principal théâtre de ses prédications. Ce fut alors qu'il bâtit sa première église, à laquelle il choisit pour emplacement le lieu que nous appelons aujourd'hui le *Cloître* ou la place de la Préfecture ; c'était le point le plus élevé de la ville, l'endroit le plus apparent, celui où les payens avaient sacrifié jusque là à leurs faux dieux : l'on sait que telle était la coutume des idolâtres de choisir les lieux élevés pour y offrir leurs sacrifices : ceux qui, les premiers, leur apportaient les lumières de l'évangile, pensaient que la voie la plus courte pour anéantir la superstition, était d'élever le plus tôt possible en ces mêmes lieux un temple au Dieu véritable.

Quoiqu'il en soit, St.-Diogène avait dédié son église à la Ste.-Vierge sous le titre de *Notre-Dame*, et il la gouvernait avec gloire depuis environ dix-huit ans, lorsqu'un événement funeste vint lui ôter la vie et anéantir le christianisme dans ces contrées. Les Vandales, peuples barbares, tombant sur l'Artois, arrivèrent devant la ville d'Arras, l'emportèrent d'assaut, la pillèrent, la ravagèrent par le fer et le feu, et leur rage s'attaquant principalement à tout ce qui sentait le christianisme, ils immolèrent un grand nombre de fidèles et détruisirent la cathédrale de fond en comble. Diogène fut martyrisé dans son église.

St.-Jérôme, qui parle de cette invasion, plaint beaucoup les provinces et les villes ravagées par ces idolâtres, mais plus particulièrement la cité d'Arras. Il pleure cette ville livrée à la destruction et le christianisme enseveli sous ses ruines ; en effet, quelques tems après, il n'en parut plus aucun vestige : le peu d'habitans échappés à la fureur des barbares, démeurés sans évêque et sans prêtres, retournèrent bientôt à l'idolâtrie.

La ville d'Arras eut beaucoup de peine à se relever d'un tel désastre ; mais enfin, par le grand courage de ses habitans et

par leur industrie, elle se rétablit, elle redevint riche et opu-
lente ; il n'y eut que l'église bâtie par Diogène qui demeura
cachée sous ses propres ruines jusqu'au tems de St.-Vaast.

Cet apôtre de l'Artois arriva à Arras vers l'an 500 , peu
après le baptême de Clovis. Il fit son entrée dans cette ville
par la porte de la *Vigne,* appelée dans la suite porte de
Bronne, de *Broine* ou de *Brogne,* puis porte des *Clarisses ,*
parce qu'elle touchait au jardin de cette communauté ; là,
St.-Vaast renouvela le miracle qu'il avait fait pour confirmer
la foi de son royal disciple (Clovis) ; il guérit un aveugle et
un boiteux, Dieu sans doute jugeant ce prodige nécessaire
pour frapper des esprits grossiers et imbus de mille préjugés
ridicules : en effet, l'aveuglement des Atrébates ne tarda pas
à se dissiper ; ils embrassèrent le christianisme, et de nouveau
il fallut une église.

Avant d'en jeter les fondemens, St.-Vaast voulut connaître
le lieu où son prédécesseur avait établi la sienne. On interrogea
les souvenirs, on fit des recherches..... Enfin, au milieu de
débris de murs et d'un amas de ruines (Bald., ch. 7), on trouva
un autel et une image de la Vierge ; c'en était assez. St.-Vaast
disposa toutes choses selon ses vues, et une nouvelle église
s'éleva au vrai Dieu, consacrée, comme la première, à la
Ste.-Vierge, toujours sous le titre de Notre-Dame.

St.-Vaast la gouverna pendant 40 ans, il lui laissa en mourant
un nombreux clergé et des biens assez considérables, pro-
venant tant de son propre patrimoine que des dons qui lui
arrivaient d'ailleurs. On cite surtout le legs de St.-Remi ,
archevêque de Rheims, mort en 533.

« Ego Remigius ecclesiæ Atrebatensi cui, domino annuente,
» Vedastum fratrem meum carissimum episcopum consecravi,

» ex dono Ludovici regis duas villas in stipendiis clericorum
» Orcos videlicet et Sabucetum delegavi, quibus etiam pro
» memoria nominis mei viginti solidos dari jubeo. » (D'après
André Herby, chanoine d'Arras, consulté par Colvener, *Orcos*
et *Sabucetum*, Ourthon, canton d'Houdain, et Souchez, canton
de Vimy. — Édition de Balderic, par Leglay).

C'est à cette époque que l'on doit faire remonter l'origine
du chapitre d'Arras.

Quant à l'importance matérielle de cette église et à son
architecture, nous n'en pouvons rien dire ; aucun des ma-
nuscrits que nous avons parcourus ne s'en occupe ; ils
se contentent de nous apprendre qu'elle essuya plusieurs
désastres à diverses époques plus ou moins éloignées ; mais
que, chaque fois, la piété des habitans d'Arras s'empressait
de la relever de ses ruines.

En 1030 surtout, sous l'épiscopat de Gérard 1.er, après un
incendie causé par le feu du ciel, grâces aux libéralités considérables de son trésorier, nommé Rodulphe ou Raoul, elle
reparut plus grande et plus belle que jamais. On croit que c'est
alors que l'on construisit la *crypte* ou chapelles souterraines
qui correspondaient aux chapelles du rond point du chœur.

Toutefois, ce ne fut que vers l'an 1396 que Notre-Dame
d'Arras acquit une véritable importance : alors l'évêque Jean
Canardi continua avec ardeur les agrandissemens commencés
sous Hugues de Fay et Pierre de Massuyer, ses prédécesseurs.

A l'édifice qui existait déjà, l'on ajouta sur le prolongement
du chœur une vaste enceinte à trois nefs, soutenues par deux
rangs de piliers. Au bout de cette enceinte, on construisit deux
tours, et au milieu de ces deux tours, un portail de belle
apparence ; ce n'était cependant pas le plus beau : celui dont

on parle le plus était au nord, dans l'angle formé par la nouvelle enceinte et le bras de croix qui regardait la rue de
Beaudimont, et que l'on avait aussi allongé. Ce magnifique
portail faisait lui-même partie des nouveaux embellissemens.
Outre ce que nous venons de dire, on bâtit encore deux petites
tours et un grand nombre de chapelles; ces constructions
nouvelles, quoique d'un style plus moderne, présentaient dans
leur ensemble, à l'intérieur, une très-belle perspective, et à
l'extérieur, des ornemens gothiques d'un travail admirable.

Pour achever ces divers ouvrages, il fallut environ trente
années, à cause de plusieurs incidens qui vinrent plus d'une fois
interrompre les travaux. Enfin, l'an 1484, le 7 juillet, l'évêque
Pierre de Ranchicourt fit, avec la plus grande pompe, la
dédicace de cette église, que l'on pouvait appeler nouvelle.

Quant aux fonds nécessaires à l'exécution, il y avait été
pourvu par la piété des fidèles et du clergé de l'Artois, par la
libéralité de nos rois et même des souverains pontifes. La
châsse renfermant la Manne et les Saintes Reliques, promenée
processionnellement, par ordre du chapitre, dans tout le
diocèse, produisit une somme suffisante pour les premières
dépenses. Le pape Grégoire XI accorda, à la demande de
l'évêque Pierre de Massuyer, les revenus de la première
année de tous les bénéfices qui viendraient à vaquer dans le
diocèse. Le roi Charles VI fit la remise d'une rente de 50 écus
d'or qui lui était due par la cité. Jean Canardi, alors évêque
d'Arras, jouissait de toute la confiance de ce monarque. Les
dons se multiplièrent ainsi de tous les côtés et continuèrent à
arriver même après l'achèvement de la cathédrale; alors ils
servaient à la décoration intérieure.

Dès l'an 1397, le chanoine Buquet fit placer la statue de
St.-Gilles dans la chapelle dédiée à St.-Martin.

L'an 1426, les honoraires perçus pour l'installation des chanoines étaient employés à l'achat d'ornemens pour l'autel et la sacristie. Plus tard, les chanoines Nicolas Levasseur, Alexandre Lemaire, Nicaise Dupuich, Nicaise de Grincourt, Hugues Martin, Jean Benoit, Jean Gavet, Enguerrand Lesergeant, Michel Santin, Laurent Fouquier, Pierre Petit, firent don à la cathédrale des ornemens du plus grand prix, calices, ostensoirs, chapes, tapis, etc.....

La statue colossale de St.-Christophe, qui se voyait entre le chœur et la sacristie, avait été donnée en 1498 par Jean Gavet; ce chanoine, élu évêque d'Arras par le chapitre en 1499, se démit de son évêché en faveur de Nicolas, dit le Ruistre, qui se distingua, ainsi que ses successeurs, par ses libéralités envers la cathédrale.

Plusieurs chapelles avaient été fondées par des seigneurs.

Celle de Notre-Dame-de-l'Aurore était due à Louis XI, qui l'avait décorée d'une statue d'argent. L'an 1683, Louis XIV envoya à cette église un ornement de velours noir, aux armes du comte de Vermandois, qui était inhumé au milieu du chœur.

La cathédrale affectait la forme d'une croix latine dont les branches allaient du nord-est au sud-ouest; la tête était figurée par le chœur au sud-est; l'entrée principale était au nord-ouest.

La longueur totale de l'édifice était de 113 mètres; dans sa plus grande largeur, c'est-à-dire à la croisée, il y avait un peu plus de 70 mètres.

Le chœur avait cinq travées jusqu'à la naissance de l'abside qui occupait la moitié d'un décagone; la nef en comprenait onze, y compris celle des transepts (la croisée), dont la longueur était double. Les bas-côtés faisaient complètement le tour du chœur, des transepts et de la nef. Le bras de croix nord-est était un peu plus long que l'autre.

Outre l'autel principal qui, par sa position en avant de l'abside, rappelait à certains égards les autels dits à la romaine, cette église en comprenait encore dix autres. Trois de ces autels étaient renfermés chacun dans des chapelles qui rayonnaient autour du sanctuaire; deux d'entr'elles étaient placées de-chaque côté, à la naissance de l'hémicycle; celle à droite était la chapelle des évêques, ainsi appelée parce qu'elle renfermait le portrait de chacun des prélats qui avaient occupé le siège épiscopal d'Arras; l'autre, celle à gauche, était appelée la chapelle de Notre-Dame-de-l'Aurore, probablement à cause de sa position. La troisième de ces chapelles était située au centre du pourtour du rond point; elle était et plus large et plus profonde, elle portait le nom de chapelle de Notre-Dame-des-Fleurs.

Six autres autels étaient disséminés dans les transepts; enfin, il en existait encore un autre vers le milieu du collatéral gauche.

La maçonnerie se composait d'assises de pierres régulières de moyen appareil.

En considérant attentivement le plan de cette église, on pouvait facilement reconnaître qu'elle n'était pas l'œuvre d'un siècle.

Les piliers de la nef, plus lourds que ceux des transepts et du chœur, avaient environ cinq pieds de diamètre, et étaient allégés par quatre grosses colonnes engagées et séparées les unes des autres par quatre autres petites colonnettes. La base sur laquelle reposaient les colonnes était ornée de plusieurs moulures et décorée, aux quatre angles, d'une feuille symbolique. Les quatre colonnes du transept étaient destinées à recevoir la retombée des arcs parallèles des voûtes de la nef et des bras de croix.

Le mur de la nef et le bras de croix à droite étaient décorés d'arcades simulées en plein cintre, soutenues par de petites colonnettes.

Le chœur et la croisée étaient d'une construction plus svelte, ils étaient portés sur des colonnes jumelles d'environ un pied et demi de diamètre et sur des piliers massifs placés intermédiairement aux angles principaux. Parmi ces piliers, on remarquait spécialement les quatre du transept, à cause de leurs moulures particulières. Tous ces piliers étaient, du reste, décorés de colonnes saillantes, correspondant aux colonnes jumelles; quant à celles-ci, partant d'une même base, elles s'élançaient d'un seul jet et sans se toucher jusqu'à la retombée des arcs de la voûte.

Dans le plein du mur qui surmontait les arcades donnant accès de la nef dans les bas-côtés, courait tout autour de l'édifice une galerie décorée intérieurement d'arcades subdivisées par de petites colonnes.

Toutes ces colonnes étaient terminées par des chapiteaux profondément fouillés et sur lesquels on voyait figurer fréquemment le règne végétal : l'ornement le plus ordinaire se composait d'un ou deux rangs de larges feuilles qui allaient se rétrécissant jusqu'à ce qu'elles se terminassent par une espèce de volute à crochet.

C'était sur les chapiteaux que reposaient les voûtes dont nous ne pouvons rien dire, sinon qu'elles se composaient d'arcs ogives parallèles et transversaux à intersection simple.

Les fenêtres étaient, en général, de grandes ogives subdivisées en autres ogives, encadrant à leur tour de petites ogivettes dont la retombée s'appuyait sur des meneaux qui partageaient la fenêtre en divers compartimens garnis de magnifiques verrières.

Cette église renfermait aussi plusieurs objets intéressans, dont nous allons dire quelques mots :

Dans la grande nef, au quatrième pilier, de chaque côté se trouvaient deux statues ; toutes deux représentaient un chevalier à genoux, armé de pied en cap, la visière du heaume rabattue, les gantelets attachés au pommeau de la rapière, les mains jointes et dans l'attitude d'un suppliant. La tradition rapporte que ces statues étaient celles de deux chevaliers condamnés à cette pénitence pour s'être battus en duel.

En avançant un peu dans cette même nef, au milieu, on remarquait un labyrinthe octogone, dont les côtés avaient pour mesure la largeur de l'entre-colonnement. Ce labyrinthe était en carrés jaunâtres et bleus d'environ 23 centimètres de côté. En suivant à genoux, comme c'était l'usage, la ligne de pierres bleues, et en récitant les prières ordinaires, on mettait une heure à terminer ce pieux pèlerinage : aussi, dans certaines localités appelait-on ces sortes de dédales *la lieue*.

Dans le transept droit, sur le côté le plus rapproché de la nef, à hauteur d'appui, se trouvaient les figures de la passion sculptées, recouvertes de couleurs fines et de dorures.

De ce même côté, à l'angle, on remarquait encore les fonts baptismaux, qui faisaient l'admiration des connaisseurs ; ils se composaient d'une colonnade en rond, supportant un baldaquin orné de sculptures, et au-dessous duquel était une belle cuve en marbre, supportée par des colonnes également en marbre.

Nous avons dit que le transept gauche était plus long que le droit, mais on ne pouvait s'en appercevoir à l'intérieur de l'édifice ; car le prolongement était occupé aux deux extrémités par deux tours : la partie intermédiaire servait de salle capitulaire.

Le chœur avait à son entrée un jubé en marbre, orné de bas-reliefs en marbre ou même en albâtre. On y remarquait, à droite et à gauche, les deux ambons, où aux jours de solennité on allait chanter l'épitre et l'évangile.

Au premier pilier du chœur, à gauche, se trouvait une magnifique horloge qui, avant de sonner l'heure, faisait défiler, pendant l'espace de cinq minutes, tous les personnages de la passion.

Au dernier pilier, en avant de l'autel du Sanctuaire, se trouvait une longue baguette de fer à laquelle était suspendu un grand rideau qu'on tirait immédiatement avant la consécration.

Cette église renfermait encore une infinité de pierres tombales qui se voyaient surtout dans le chœur destiné à la sépulture des évêques. Vingt-cinq y furent inhumés.

St.-Vaast, mort en	540.
Lambert	1115.
Robert	1131.
André	1173.
Frémaut	1183.
Raoul de Neuville	1221.
Ponce	1231.
Asson	1245.

Fursy. . . . . 1247.

Jacques de Dinant. . . . . 1260.

Pierre de Noyon. . . . . 1280.

Aimeric du Fourny. . . . . 1361.

Pierre de Masuyer. . . . . 1391.

Jean Canardi. . . . . 1407.

Martin Poré. . . . . 1426.

Hugues de Cayeu. . . . . 1438.

Fortigaire de Plaisance. . . . . 1452.

Pierre de Ranchicourt. . . . . 1499.

François Richardot. . . . . . . 1574.

Mathieu Moulart. . . . . 1600.

Jean du Ploich. . . . . 1602.

Paul Boudot. . . . . 1635.

Etienne Moreau. . . . . 1670.

Gui de Sève de Rochechouart. . 1724.

Jean de Bonneguise. . . . . . . 1768 ou 69.

(Voir plus bas la notice sur ces évêques).

Près de la chapelle de Notre-Dame-de-l'Aurore se trouvait
un escalier donnant accès dans une crypte dont il nous reste
à parler. Elle existe encore aujourd'hui, bien qu'une partie
des voûtes ait été crevée et qu'elle soit remplie de décombres;
elle s'étendait sous le rond-point du chœur, s'élargissait avec
chacune des chapelles de l'hémicycle et se composait d'un
certain nombre d'entre-colonnemens, dont les piliers correspondaient aux piliers supérieurs. Ces piliers présentaient une
masse carrée en grès, terminée par un large tailloir, d'où se
dégageaient des tores à boudin formant des arts transversaux
et parallèles, dont l'ogive émoussée se rapprochait beaucoup
du plein cintre. La date de cette ogive semble être 1030,
époque connue d'un des remaniemens de l'église : l'ogive, du

reste, offre le plus grand rapport avec celle de l'église St.-
Germer (Oise), dont la date certaine se trouve justement aussi
être 1030. Quant à la partie inférieure, dont les matériaux ne
sont pas les mêmes, on serait porté à la croire antérieure.
Les carènes formées par le croisement des arcs sont occupées
par des moëllons beaucoup plus longs que larges, et dont
les dimensions vont en décroissant de bas en haut.

L'extrêmité droite de cette crypte s'élargissait en formant
deux salles : dans la première, était une cheminée pour des
chaudières ; dans la seconde, on lavait les linges sacrés.

L'édifice était surmonté sur le chœur ; la croisée et une
grande partie de la nef d'une charpente en bois de chêne,
couverte en ardoises, le reste de la nef était une plate-forme
couverte de plomb..Là se trouvaient les quatre réservoirs
d'eau, en cas d'incendie.

Quant à l'extérieur, on entrait dans cette église par un
grand portail, donnant sur la partie du cloître, conduisant à
l'évêché, aujourd'hui *la préfecture*. Il était accompagné de
deux tours carrées, entre lesquelles s'ouvrait une grande
porte double. Les deux tours étaient d'inégale hauteur ; la
plus élevée était une tour carrée, en grès bien piqués, tant
à l'intérieur qu'à l'extérieur, couverte en plomb. On comptait
trois cent vingt-neuf marches pour arriver à la chambre du
guetteur. Cette chambre carrée avait quatre fenêtres et huit
pieds de largeur. Le guetteur, payé par la commune, répétait
l'heure le jour et la nuit, sonnait pour le feu et l'arrivée des
troupes.

Le transept à gauche était flanqué à chaque extrêmité d'une
tour ; celle à droite était celle de St.-Pierre, l'autre celle de
Notre-Dame.

Près de ce transept, contre le bout de la nef, s'élevait un autre portail formant un porche, surmonté d'une voûte sous laquelle naissaient des arcs ogives, en retrait, les uns au-dessous des autres, garnis de sculptures, représentant Jésus-Christ, les douze Apôtres et un arbre de Jessé.

Au-dessus de la voûte était une chambre à jour, où on trouvait encore, à l'époque de la démolition, un four où la tradition, d'accord en cela avec l'observation d'un vieillard qui connaissait parfaitement le monument, veut qu'aient été autrefois les fourneaux destinés à la cuisson des vitraux. La tradition prétend encore que c'était là que l'on cuisait le pain destiné au sacrifice.

Pour terminer ce qu'il y aurait à dire sur l'extérieur, il faudrait parler des contre-forts sans nombre, dont les pyramides aiguës s'élançaient vers le ciel, des arcs boutans, de ces galeries en dentelle qui ceignaient la cathédrale d'Arras. Tout cela existait ; on en a la preuve par les débris qui ont été recueillis et déposés, par les soins de l'architecte, au Musée d'Arras. Mais nous ne dirons et n'en pouvons dire rien de plus.

Telle était Notre-Dame d'Arras, grande, belle et riche, lorsqu'éclata la révolution française. Alors évêque, prévôt, doyen, chapitre (*), refusant, d'une voix unanime, un serment

---

(*) Le chapitre de l'église d'Arras était composé de quarante chanoines, de cinquante-deux bénéficiers et de quatre dignitaires.

Le *Prévôt* d'abord, élu en chapitre, et dont l'élection était soumise à l'approbation de l'ordinaire, était, en vertu d'un indult de l'an 1668, à la nomination du roi.

Le *Doyen* était le curé de tous les membres et employés du chapitre, des curés de la ville et banlieue d'Arras, à l'exception de ceux de quatre paroisses qui se trouvaient à la nomination de l'abbaye de St.-Vaast, et sur lesquelles

2

illicite, partirent pour des contrées lointaines. Alors l'impiété régnant en souveraine, il ne fallut plus ni Dieu, ni temple, ni prêtre. De tous les édifices qui avaient servi aux exercices du culte, on détruisit les uns, on appropria les autres à des usages profanes. La cathédrale d'Arras fut du nombre de ces derniers : elle devint un magasin destiné aux approvisionnemens de toute nature, fourrages, vins, eaux-de-vie, etc.

Mais cette destination, qui l'avait sauvée du marteau révolutionnaire dans les plus mauvais jours, fut ce qui la perdit dans un tems où ceux qui tenaient à sa conservation avaient tout lieu d'espérer.

En effet, lorsque parut le décret du 11 prairial an III, dont le premier article ordonnait à l'administration départementale de remettre aux citoyens, sur leur demande, les édifices religieux non aliénés, et dont les communes étaient en possession le premier jour de l'an II de la république, alors,

---

cette abbaye avait des droits curiaux ; mais non la charge d'âmes, qui restait à la disposition de l'ordinaire.

Le *Chantre* avait la police du chœur et des employés pour la musique et pour le chant. Le doyen et le chantre étaient élus en chapitre. Le chanoine revêtu de cette dignité à l'époque de la révolution, était M. l'abbé Lallart de Lebucquière, actuellement prevôt-doyen du chapitre et vicaire général du diocèse.

L'*Écolâtre* avait la police ecclésiastique de toutes les écoles chrétiennes du diocèse, dans les endroits où il n'y avait point d'autre écolâtre en exercice. Cette dignité, quoique capitulaire, était à la nomination de l'évêque et sujette à résignation ou permutation comme celle de *chantre*.

Il y avait aussi deux *Dignitaires* attachés à l'évêque, l'archidiacre d'Arras et celui d'Ostrevent.

Le chapitre n'était pas soumis à la juridiction de l'évêque, mais à celle de l'archevêque de Cambrai en matière ecclésiastique, et à celle du conseil d'Artois pour les autres matières.

(*Notice sur l'Artois, par le président* Bultel).

dis-je, la cathédrale était encore encombrée de fourrages et
d'autres approvisionnemens; de sorte qu'elle ne put pas être
remise sur-le-champ aux citoyens, quand ils la redemandèrent
dans le mois de thermidor an III (1795).

Tandis que l'on s'employait de toutes parts pour forcer
l'administration militaire à se procurer un autre magasin, il
se présenta à l'administration centrale un soi-disant Paul
Vandercooster, marchand hollandais, demandant à soumis-
sionner l'acquisition :

1.° De la cathédrale d'Arras, banlieue et dépendance;

2.° Du palais épiscopal, cour, jardin et terrain ou dépendance;

3.° Des bâtimens du cloître, de la bibliothèque, chapitre et
terrains contigus à la cathédrale et à l'évêché.

A peine cette soumission est-elle connue, que l'administration
municipale d'Arras fait savoir à l'administration centrale du
département, qu'elle s'oppose, de toute son énergie, à l'aliénation de cette église, réservée pour le culte. Aussitôt l'administration centrale, qui partageait les vues de l'administration
communale, prend un arrêté par lequel elle déclare que ladite
église est concédée à la commune, *qu'elle n'est pas sujette à
l'aliénation,* et que, par conséquent, il ne saurait être donné
aucune suite à la *soumission* faite par le sieur Vandercooster.

Cependant les habitans d'Arras, apprenant que ce dernier,
ou plutôt ceux qui se couvraient de son nom, multipliaient
leurs efforts et les prétextes pour tromper l'autorité supérieure,
et amener l'administration centrale à prendre une décision
favorable à leur avide spéculation, les habitans d'Arras com-
posent un long mémoire, où ils exposent chaleureusement
toutes les raisons qui militent en faveur de la conservation de

la cathédrale, et l'envoient au corps législatif, revêtu de trois mille cinq cent soixante-quatorze signatures et accompagné d'un rapport sur l'état de cette église.

Nous croyons devoir transcrire ici quelques passages de ce mémoire, déposé aux archives départementales.

« Que de motifs se réunissent pour conserver aux com-
» munes en général et à celle d'Arras en particulier, l'usage
» des édifices destinés au culte..... Autoriser l'aliénation et
» la démolition de tous ces édifices, c'est priver les habitans
» des communes de la facilité de se réunir pour l'exercice
» de leur culte et de leurs droits politiques.

» Et quel avantage la république retirera-t-elle d'une
» mesure dont les conséquences seraient peut-être aussi
» affligeantes qu'incalculables ? Disons-le avec franchise :
» aucun ; mais elle servira à augmenter la fortune de ces
» sangsues, qui se sont engraissées des dépouilles de la
» république, et qui, encore aujourd'hui, semblables à des
» oiseaux de proie, voudraient se repaître au milieu des
» débris et des cadavres........

» Eh ! qu'on ne dise pas que le tableau qu'on vient de faire
» est exagéré. Qu'on vienne dans nos murs, on n'y peut faire
» un pas sans voir les débris, les décombres des édifices qui,
» jadis, en faisaient l'ornement ; on y compte encore en ce
» moment, outre plusieurs chapelles, sept ci-devant églises
» paroissiales en démolition, et qui seront longtems en cet
» état. Les spéculateurs qui les ont achetées et qui, en dis-
» posant des matériaux *qui étaient de valeur*, ont fait un
» bénéfice considérable, jugent qu'il est de leur avantage de
» préférer la perte du terrain et des autres matériaux qui ne
» les indemniseraient pas de leurs dépenses, plutôt que
» d'achever les démolitions ; et c'est dans ces circonstances,

» que des soumissionnaires protégés espèrent qu'on leur
» permettra de démolir l'édifice le plus majestueux, le plus
» vaste et le plus solide qui existe dans le pays. »

L'administration centrale avait chargé un architecte « De
» détailler dans un procès-verbal, si la beauté, l'importance
» ou la conservation de cet édifice pouvaient offrir des avan-
» tages pour le progrès des arts, pour le culte ou pour
» quelqu'autre objet d'utilité publique, de donner des ren-
» seignemens sur son état actuel de solidité ou de délabrement,
» avec l'apperçu des dépenses auxquelles les réparations à y
» faire pourraient entraîner le gouvernement. »

Voici ce qu'on lit dans le rapport :

« La ci-devant église N.-D. est très-peu solide dans beaucoup
» d'endroits, soutenue par des colonnes hors d'aplomb qui
» peuvent faire craindre leur écroulement à cause du poids
» énorme dont elles sont chargées, n'offrant à l'extérieur que
» des masses insignifiantes, décorées d'ornemens grotesques,
» ne rappelant ni à l'intérieur, ni à l'extérieur le génie, le
» goût et les conceptions hardies des anciens maîtres. » Relativement *au culte*, il déclare qu'il n'était pas probable que cet
édifice pût convenir aux habitans de cette commune, tant à
cause des frais qu'occasionnerait son entretien, qu'il évalue à
5,000 livres par an, que parce qu'il est infiniment trop vaste ;
relativement à l'*utilité publique*, l'état dans lequel cet édifice
se trouve, exige, dit-il, que l'on y fasse, sans délai, des
réparations qui pourront s'élever à 40,000 livres, si on veut le
mettre à usage de magasin.

Les citoyens David, arpenteur ; Degand, maçon-entrepreneur ;
Fontaine, charpentier ; Dubois, couvreur ; Pérot, plombier ;
Perlin, serrurier, et Moniez, vitrier, tiennent un tout autre

langage dans leur rapport, fait à la réquisition des concessionnaires. (*)

Ils font une vraie et belle description de l'édifice. « Le
» beau percé qu'il offre, disent-ils, laisse à la vue la liberté
» de s'étendre partout ; il est éclairé de toutes parts par des
» jours ou vitraux artistement distribués, présente au coup-
» d'œil une très-belle perspective, offre à l'extérieur des
» élévations et des contrastes singuliers par la variété des
» ornemens gothiques, analogues à l'intérieur, qui font d'au -
» tant mieux ressortir tout le corps de l'ouvrage , qu'étant
» situé avantageusement sur le plus haut point de la ville, il
» lui sert d'ornement; il est très-solide, rien ne peut nuire à
» la sûreté publique et particulière; tous les piliers et colonnes
» conservent très-bien leur aplomb , à l'exception de deux
» colonnes jumelles dans la croisée à gauche, d'où il ne peut
» résulter aucun accident, à cause des précautions prises pour
» en assurer la durée........

» Les réparations à faire actuellement peuvent être évaluées
» à 6,000 livres, et celles annuelles à 1,500 livres..... On ne
» peut priver de cet édifice les citoyens, surtout ceux qui,
» comme les habitans d'Arras, ont même, avant toutes sou-
» missions, demandé la remise de la cathédrale; s'ils ne l'ont
» point obtenue alors, c'est que leur intérêt a dû fléchir vis-à-
» vis celui de l'Etat, qui en a lui-même conservé l'usage
» comme magasin militaire.

» Un autre motif, non moins puissant, s'élève encore contre
» une aliénation qui sera suivie de la démolition de cet édifice;
» vaste, bien éclairé, très-sain, très-sec, puisqu'il est situé
» sur un terrain fort élevé, il peut être d'une grande ressource

(*) Ce rapport ce trouve aussi aux Archives départementales.

» au gouvernement, et lui servir dans les besoins extraor-
» dinaires et urgens.

» Si l'intérêt de la religion anime les concessionnaires,
» échauffe leur zèle, ils ne sont pas moins attachés au sort de
» la république....... On les a vus, lors de leur première
» pétition, respecter les besoins de l'Etat, et attendre en
» silence qu'on pût leur accorder pour leur culte l'usage d'un
» édifice dont on ne peut autoriser la démolition sans se
» rendre coupable de prévarication, sans commettre un
» crime de lèze-nation. »

Ce mémoire est du 9 pluviôse an V de la république (28
janvier 1797).

Ainsi défendue, la bonne cause semblait devoir triompher ;
mais, comme nous l'avons indiqué, Vandercooster avait de
puissans amis qui l'appuyaient avec force auprès du gouvernement. Le citoyen Lagarde, secrétaire du directoire
exécutif, secondait ses vues avec un zèle vraiment trop vif,
pour ne pas dire intéressé; il écrivait lettres sur lettres, se
plaignant avec amertume et menaces des obstacles qu'on ne
cessait de susciter à la vente demandée ; enfin, par ses intrigues
auprès des autorités supérieures, et par son audace vis-à-vis
de l'administration centrale, il paralysa totalement les efforts
des gens de bien pour la conservation du monument : une
lettre du Ministre des finances, mettant à néant toutes les
réclamations et l'opposition si vive et si soutenue des habitans
d'Arras et des conseils de la commune et du département,
ordonna de passer, sans plus long délai, le contrat de vente
des édifices et terrains convoités par Vandercooster.

Au moment de la rédaction du contrat, survint une déclaration de ce dernier, par laquelle il faisait connaître que
l'acquisition n'était point faite pour lui, mais pour le compte

de Rolland, négociant à Amsterdam, et autres associés. Il donnait au sieur Chevalier, marchand à Arras, les pouvoirs nécessaires pour continuer et poursuivre la vente telle qu'elle avait été commencée par Vandercooster. L'acte de vente est du 12 nivôse an VII (1.er janvier 1799).

Le prix total s'élevait à 313,200 fr.; savoir : 237,600 fr. pour la cathédrale; 64,800 fr. pour l'évêché ; 10,800 fr. pour les bâtimens du cloître.

L'évêché fut revendu au département, qui en fit l'hôtel de la préfecture. Les bâtimens du cloître furent mis en démolition, pour les matériaux être vendus en détail aux amateurs. Enfin, comme on l'avait prévu, le même sort atteignit la cathédrale; cet édifice si beau, si majestueux, la gloire et l'ornement de notre ville, la voix des arts demandant grâce pour lui, ne fut pas plus écoutée que la voix de la religion : en peu de jours le sol fut tout couvert de ses nobles débris.

Lorsqu'en 1802, Bonaparte passa à Arras, l'œuvre de destruction n'était pas entièrement achevée; bien des constructions restaient; on redoutait d'en entreprendre la démolition, à cause des efforts qu'il y avait à faire pour les arracher de leurs fondemens; tant était vrai ce qui avait été dit par les soumissionnaires, que l'*édifice menaçait ruine*. Napoléon, irrité de l'acte de vandalisme qu'il avait sous les yeux, ordonna aux acquéreurs de faire disparaître, sur le champ, toutes ces ruines, les menaçant de mettre le séquestre sur leurs biens, s'ils ne lui obéissaient; force donc fut d'obéir. Avec des peines inouies l'on parvint, souvent au moyen de la poudre, à renverser ce qui était encore debout, et l'on enleva à la hâte tout ce qui avait quelque valeur. Quant au terrain, il fut abandonné à la commune, qui chargea le jardinier Demay d'en faire le nivellement.

Nos concitoyens savent ce qui s'est passé depuis.

En 1802, le culte catholique étant réorganisé, de nouvelles paroisses sont établies ; des onze qui existaient à Arras avant la révolution de 89, on en forme six : la Cathédrale, St.-Géry, St.-Charles, St.-Joseph, St.-Etienne et St.-Nicolas.

Celle-ci n'ayant plus d'église, on lui assigne provisoirement la chapelle de l'Hôtel-Dieu, en attendant que la commune puisse lui fournir un local plus en rapport avec sa population.

En 1808, elle est transférée, toujours provisoirement, en la ci-devant chapelle des Clarisses, où elle est encore.

En 1822, le conseil municipal achète le vaste terrain occupé alors par la maison Bocquet, à l'effet d'y construire l'église réclamée ; mais ce terrain est revendu en janvier 1832.

En 1835, le conseil de fabrique, las du long provisoire où on laisse la paroisse, demande à la commune la concession de l'école mutuelle, sise rue de Beaudimont, et de la chapelle de l'Hôtel-Dieu, avec les terrains occupés par lesdits bâtimens, et la somme de 15,000 francs, s'engageant à donner à la paroisse une église conforme au plan qu'il présente. Le conseil municipal prend la demande en considération, nomme une commission qui fait un rapport favorable au projet de la fabrique; mais il fallait l'adhésion de l'administration des hospices; celle-ci la refuse, par la raison que les bâtimens et terrains demandés ayant été donnés aux hospices, elle ne peut changer la nature de cette destination.

Cependant, il n'était plus tems de reculer : la chapelle des Clarisses venait d'être vendue; l'acquéreur réclamait instamment la jouissance de sa propriété ; les exercices du culte allaient être suspendus.

Forcé par les circonstances, on se mit à former divers projets ; enfin, après de longs et vifs débats, le 20 mai 1838, le conseil municipal décide, sur la proposition de M. Cornille, président du tribunal civil d'Arras, qu'il sera bâti, pour la paroisse St.-Nicolas, sur la place de la Préfecture, une église conforme aux plan et devis présentés par l'architecte de la ville ; que, pour cette construction, on ne dépassera pas la somme de 100,000 francs, statuant que si cette somme devient insuffisante, la fabrique devra y pourvoir, ainsi qu'aux frais de décoration intérieure, comme elle en a pris l'engagement.

M. le Maire met le projet en adjudication, et, le 6 août suivant, le sieur Grigny, entrepreneur, se rend adjudicataire des travaux à exécuter pour la construction de la nouvelle église de St.-Nicolas. Dix mois après, le 30 mai, la première pierre est posée solennellement par Monseigneur de La Tour d'Auvergne, évêque d'Arras, au milieu d'un concours immense de fidèles. Le chapitre, en habit de chœur, accompagné du séminaire, s'était rendu processionnellement de la cathédrale à la place de la Préfecture ; les canonniers, les pompiers de la ville, un détachement du régiment du génie, étaient sous les armes, et la musique de la garde nationale exécutait des symphonies auxquelles succédait le chant des pseaumes. On remarquait, dans l'enceinte de la tente qui avait été dressée, les autorités civiles et militaires, un grand nombre d'officiers de la garnison et l'élite des habitans d'Arras. Après la bénédiction et la pose de la première pierre, M. Debray, curé de St.-Nicolas, s'est exprimé en ces termes :

« Monseigneur, Messieurs,

» Combien de fois, visitant ces lieux, l'étranger, l'ami des
» arts, le pieux fidèle surtout, se sont fait cette question :

» Pourquoi ces ruines? Que veulent dire ces pierres? Et du
» milieu de ces débris, il s'élevait comme une voix de regret
» et de douleur qui redisait avec amertume les calamités des
» tems qui ne sont plus; grâces au ciel, cette voix désormais
» ne se fera plus entendre; ces ruines vont se changer en un
» temple nouveau qui s'élèvera à la gloire du Très-Haut pour
» perpétuer les hommages de l'antique foi, là même où le
» doigt de Dieu en avait comme fixé le berceau parmi nous.

» Qui n'admirerait ici, Messieurs, l'action providentielle
» de la souveraine sagesse qui dispose à son gré des événe-
» mens et qui sait atteindre ses fins avec autant de douceur
» que de force? C'est dans ces mêmes lieux que les premiers
» prédicateurs de l'Evangile élevèrent, il y a quinze siècles,
» une maison de prière pour y réunir les adorateurs du vrai
» Dieu; la fureur des Vandales la ruina de fond en comble,
» la piété de nos ancêtres la réédifia. Plus tard, la barbarie
» des Normands renouvela les mêmes scènes de désolation,
» et la main réparatrice de la religion vint encore relever les
» pierres du sanctuaire; aujourd'hui, après de nouveaux
» désastres, amenés par le malheur des tems, le conseil
» municipal, une administration éclairée et bienveillante
» se plaisent à les réparer encore; par leurs soins, et qu'ils
» reçoivent ici l'expression des sentimens de la recon-
» naissance des habitans de cette paroisse dont je suis
» l'organe; ces lieux, consacrés par tant de précieux et
» touchans souvenirs, seront rendus à leur destination pri-
» mitive; la religion, aujourd'hui, en reprend solennellement
» possession sous les auspices d'un auguste Pontife, en pré-
» sence d'un vénérable clergé, au milieu d'une population
» attendrie. Grâces en soient rendues à l'auteur de tout don
» parfait! Héritiers de la foi de nos pères, il est beau, il est
» consolant pour nous de laisser à nos neveux un monument

» qui leur transmettra le témoignage de nos croyances et de
» nos sentimens. »

Après l'allocution de M. le Curé de St.-Nicolas, Monseigneur
l'Évêque a pris la parole :

« Monsieur le Maire, Messieurs les Membres du conseil
» municipal, a-t-il dit, Monsieur le Curé vient de vous ex-
» primer ses sentimens de gratitude et ceux de sa paroisse ;
» comme premier pasteur de ce diocèse, j'éprouve le besoin
» de vous offrir mes actions de grâces personnelles ; il y a
» longtems que je désirais voir s'élever dans ces lieux mêmes
» une nouvelle église ; ce n'était point un luxe, c'était pour
» la paroisse St.-Nicolas un besoin, et vous y avez satisfait.
» Je compte au nombre de mes plus beaux jours celui où il
» m'a été donné de bénir la première pierre de ce nouveau
» temple. »

La première pierre de la nouvelle église St.-Nicolas a été
posée sous le pilastre du milieu du mur latéral (bas-côté
gauche de la nef). Sous cette pierre a été placée et scellée une
boîte en plomb renfermant une copie du procès-verbal relatif
à cette cérémonie, ainsi que des pièces de monnaie au mil-
lésime de 1839, savoir : une pièce de 5 francs, une de 2 francs,
une de 1 franc, une de 50 centimes, une de 25 centimes et
une médaille marquée au coin de la ville d'Arras. Cette boîte
a ensuite été recouverte par une plaque de cuivre avec inscription des faits consignés dans le procès-verbal.

L'église s'élèvera sur le bras de croix gauche de l'ancienne
cathédrale, le portail faisant face à la rue de Beaudimont.

En ce moment, les travaux sont en pleine activité ; nous
espérons qu'ils s'achèveront bientôt.

Et alors, nous dirons : Comment encore une fois est-elle

sortie de ses ruines, cette église si antique, la première par l'âge de toutes les églises de l'Artois? Tant de choses tombent pour ne plus se relever! Tant de choses passent pour ne plus reparaître! La religion ne passe pas, mais demeure à jamais comme le Dieu qui la protège. Nous dirons encore: Ici, en ce même lieu, se sont agenouillées quarante générations ; des rois et des princes, des évêques, des prêtres, des fidèles de toutes les conditions ont prié ; nous nous unirons à leurs vœux, à leurs soupirs, et notre prière montera au ciel plus fervente et plus forte.

ÉVÈQUES D'ARRAS

INHUMÉS DANS LE CHOEUR DE L'ANCIENNE CATHÉDRALE.

—

St.-Vaast, mort vers l'an 540. St.-Aubert fit, le 1.ᵉʳ octobre 658, la translation des reliques de ce pontife dans l'église de l'abbaye qui porte son nom (*).

4.° *Évêque d'Arras*. — Lambert, né à Guînes, d'une illustre famille, archidiacre de Thérouanne, chanoine et grand chantre de St.-Pierre de Lille, homme d'une grande sainteté,

---

(*) Védulphe, troisième évêque d'Arras, environ l'an 583, fixa sa résidence à Cambrai; cette ville était alors plus peuplée que celle d'Arras, où l'on ne voyait que des ruines et qui était plus exposée aux courses et aux ravages des gens de guerre. En qualité de ville épiscopale, la ville d'Arras conserva toujours un archidiacre qui connaissait, en l'absence de l'évêque, des causes ecclésiastiques. Les choses demeurèrent en cet état jusqu'à Urbain II (1093). Il rendit à la ville d'Arras son droit d'élire un évêque.

élu par le chapitre d'Arras, et sacré à Rome par le pape Urbain II, dans l'église de Ste.-Marie-la-Neuve, le quatrième dimanche de carême de l'an 1093. —Mort le 16 mai 1115.

5.ᵉ *Évéque d'Arras.* — Robert, né à Arras, archidiacre, puis évêque en 1115, mort le 20 février 1131. Il fut le premier qui établit l'usage de dire au chœur le petit office de la Ste.-Vierge, usage qui s'est conservé jusqu'à l'expulsion du chapitre en 92.

8.ᵉ *Évéque d'Arras.* — André, de Paris, abbé de Vaux-Cernai, sacré évêque d'Arras en 1161, mort en 1173. Il reçut St.-Thomas de Cantorbéry, qu'on avait chassé de son siége : à son passage à Arras, ce confesseur de la foi célébra la messe dans les églises de la Madeleine et de St.-Nicolas-sur-les-Fossés.

10.ᵉ *Évéque d'Arras.* — Frémaut, ou Frumaudt, archidiacre d'Ostrevent en l'église cathédrale d'Arras, évêque en 1174, mort le 12 mai 1183. Son cercueil en plomb a été découvert au mois de juin dernier, dans le chœur de l'ancienne cathédrale. Ce prélat a été inhumé avec ses ornemens pontificaux, crosse, mitre, anneau pastoral, etc.... Ses ossemens sont bien conservés. Une plaque en plomb, trouvée dans l'intérieur du cercueil, porte cette inscription :

† Anno Dni M.ᵒ C.ᵒ LXXX. III. duodecimo mensis maii obiit D.nus Frumaudus, venerabilis atrebatensis episcopus, qui in presenti sepulturâ requiescit.

(Voir plus bas la description de la Mosaïque qui recouvrait son tombeau).

12.ᵒ *Évéque d'Arras.* — Raoul de Neuville, né à Vienne, en France, archidiacre d'Arras, puis sacré évêque à

Rome au mois d'octobre 1203, par le pape Innocent III ;
d'après Locrius, Gazet et autres chroniqueurs, il fut nommé
cardinal sous le titre de Ste.-Sabine. — Mort le 26 mai 1221.

13.° *Évêque d'Arras.* — Ponce, archidiacre d'Arras, en
fut fait évêque en 1221. Il se distingua par ses libéralités
envers les pauvres, fit bâtir la chapelle épiscopale, laissa à
son église de riches ornemens, assista à un concile tenu à
Paris en 1223 et aux funérailles du roi de France, Philippe-
Auguste. Sous son épiscopat les Augustines et les Cordeliers
se sont établis dans le faubourg d'Arras, près de la porte
Ronville. — Mort en 1231.

14.° *Évêque d'Arras.* — Asson, né à Diéval (Artois),
archidiacre d'Ostrevent en l'église d'Arras, puis évêque en
1231. Pieux et savent, ce pontife sut, par ses prédications,
préserver son troupeau des erreurs des Albigeois qu'on
voulait répandre dans son diocèse. Sous son épiscopat, les
Dominicains se sont établis dans le faubourg, près de la porte
St.-Nicolas, et dans la ville de Douai, vers l'an 1233. — Mort
le 27 mars 1245.

15.° *Évêque d'Arras.* — Fursy, évêque en 1245. — Mort
le 1.er avril 1247.

16.° *Évêque d'Arras.* — Jacques de Dinant, sacré évêque
par le pape en 1247, fit bâtir l'église de St.-Nicaise, en fit la
dédicace en 1254, l'érigea en paroisse et la sépara de celle de
St.-Nicolas *in Beatâ,* ou dans Notre-Dame. Il faut que cet
évêque ait quitté son siége vers l'an 1258 ; car son successeur
occupait sa place en 1259. — Mort le 19 avril 1260.

17.° *Évêque d'Arras.* — Pierre de Noyon, évêque en
1259. Sous son épiscopat, les Trinitaires, les Carmes et les
Templiers furent reçus dans le faubourg d'Arras, près de la

porte Rónville. Ce prélat écrivit, avec plusieurs évêques, au
pape Grégoire X, pour la canonisation de Louis IX, roi de
France. Son âge et sa mauvaise santé l'obligèrent à demander
sa démission, qu'il eut beaucoup de peine à obtenir en 1280.
Il se retira dans l'abbaye du Mont-St.-Éloi, où il mourut le 5
septembre de la même année. Cet évêque reposait dans un
cercueil en chêne, découvert l'an dernier, et dans lequel se
trouvait une plaque en plomb, portant cette inscription :

Anno D.ni M.°CC.° octogesimo, III.° nonas septembris obiit
pater reverendus Petrus episcopus hic sepultus, de Noviomo
oriundus qui largus et pius per viginti annos et menses septem
hanc Atrebatensem rexit ecclesiam. — Jura episcopatûs de-
claravit. — Possessiones multas adsquisivit : de eisdem capi-
tulo largus erogavit. — Tandem propter ipsius corporis
debilitatem, petitâ magnis sumptibus cedendi licentiâ, magnâ
cum difficultate obtentâ, hujus episcopatûs liberè cessit regi-
mini, nihil de bonis episcopatûs ppetuis retinendo annis.

Anima per misericordiam dei in pace requiescat. Amen.

La plaque a été déposée au Musée.

30.ᵉ *Évêque d'Arras*. — AIMERIC DU FOURNY, trésorier
général des aides du royaume, puis évêque d'Arras vers l'an
1349. — Mort le 6 octobre 1361.

35.ᵉ *Évêque d'Arras*. — PIERRE DE MASUYER, docteur en
droit, précepteur du pape Grégoire XI, archidiacre d'Anvers,
chanoine et théologal de Cambrai, évêque d'Arras en 1372 ou
1373, fit sans pompe son entrée dans cette ville le 22 mars de
l'année suivante. — Mort en 1391.

36.ᵉ *Évêque d'Arras*. — JEAN CANARDI, religieux de
l'abbaye de St.-Denis, chancelier de Philippe, duc de Bourgogne et comte d'Artois, évêque d'Arras en 1391 ou 1392,

fonda un hôpital à la porte *Morel* de Douai, agrandit considérablement le palais épiscopal, fit élever, en 1396, les tours, les deux portails de la cathédrale et les nefs commencées sous ses prédécesseurs Hugues de Fay et Pierre de Masuyer ; enrichit le chœur de stalles pour les chanoines; fit don à l'église d'une image de la Ste.-Vierge en argent et des ornemens du plus grand prix. Charles VI, roi de France, l'avait fait dépositaire de son testament. — Mort le 7 octobre 1407.

37.° *Évêque d'Arras.* — MARTIN PORÉ, né à Sens, religieux dominicain, docteur en théologie de l'Université de Paris, confesseur et prédicateur ordinaire de Jean, duc de Bourgogne ; c'était un adroit et bon politique, que ce prince sut employer heureusement à diverses négociations ; il fut élu en 1407 évêque d'Arras, alla au concile de Pise l'année suivante, où il se fit remarquer par sa prudence et ses lumières. En 1415, au concile de Constance, on le chargea d'amener Jean XXIII à se démettre du souverain pontificat. Martin Poré prononça de l'ambon la sentence de déposition qui avait été dressée contre ce pape, le 29 mai, dans la douzième session. Viennent ensuite ses controverses, au même concile, avec Gerson, sur les propositions de Jean Petit. Cet évêque remplit plusieurs ambassades importantes. — Mort le 6 septembre 1426.

38.° *Évêque d'Arras.* — HUGUES DE CAYEU, fils de Jean, seigneur de Cayeu et de Mouchy,..... et de Jacquette d'Ailly, était prévôt de St.-Omer, conseiller du roi, évêque d'Arras en 1426. Sous son épiscopat, se tint à l'abbaye de St.-Vaast, cette fameuse assemblée où la paix fut conclue entre Charles VII, roi de France, et Philippe, duc de Bourgogne. Le monastère des religieuses (Louez-Dieu) fut bâti au moyen des aumônes des fidèles (1430). La cathédrale et le palais épiscopal durent à ses libéralités des avantages importans. — Mort le 13 janvier 1438.

39.º *Évêque d'Arras.* — Fortigaire de Plaisance, né à Bruges, archidiacre d'Arras, prévôt de St.-Pierre, de Lille, et de Ste.-Walburge, de Furnes, conseiller, confesseur et premier aumônier de Philippe, duc de Bourgogne, fut élu évêque d'Arras, par le concours unanime de tous les suffrages du chapitre, le 24 janvier 1439. Il fit son entrée à Arras avec pompe et magnificence. Le duc de Bourgogne, alors en cette ville, vint au devant de lui, accompagné d'un grand nombre de seigneurs, jusqu'à la porte *St.-Michel,* assista aux cérémonies qui eurent lieu en la cathédrale, ainsi qu'au banquet offert par la ville à l'évêque. Ce pontife consacra deux autels près du chœur et celui de la chapelle de St.-Vaast, qu'il fit décorer. Il y fut inhumé le 21 février 1452.

43.º *Évêque d'Arras.* — Pierre de Ranchicourt, fils du seigneur de Ranchicourt, chancelier de l'église d'Amiens, chanoine théologal de Cambrai, archidiacre de Valenciennes, nommé évêque d'Arras en 1472, fut sacré à Rome par le pape. Il gouverna l'église d'Arras pendant trente-six ans, et déploya, au milieu des guerres dont son diocèse fut affligé, la sagesse et la prudence d'un bon pasteur. En 1484, le 7 juillet, il fit la dédicace de l'église cathédrale. En 1492, au mois de novembre, retenu prisonnier dans une petite chambre près la porte de *Hagerue,* gardé par six soldats allemands, il n'obtint son élargissement qu'après avoir donné une forte rançon pour se soustraire à de nouveaux outrages ; il se retira à Douai. Deux chanoines, Jean Benoit et Jean de Tongres, docteurs en théologie, périrent enfermés dans une cave de l'Abbaye de St.-Vaast. Les troupes allemandes pillèrent les églises, notamment la cathédrale, et joignirent le sacrilège au brigandage (*). — Pierre de Ranchicourt, pour parer aux incon-

---

. (*) Conspiration de Jean Lemaire, *dit* Grisard. — Prise de la ville par les Bourguignons.

véniens qui résultaient du chant de deux offices dans la même
église, fit construire celle de *St.-Nicolas-en-l'Atre*, ainsi
nommée parce qu'elle a été bâtie dans le cimetière. Les offices
de la paroisse se célébraient auparavant dans la chapelle de
Ste.-Élisabeth-en-Notre-Dame. — Mort le 26 août 1499.

51.ᵉ *Évêque d'Arras.* — François Richardot, né en
Bourgogne, religieux Augustin, docteur en théologie de la
Faculté de Paris, d'abord évêque de Nicopolis en 1554, et
suffragant de l'archevêque de Besançon, professeur d'écriture
sainte à Douai, puis évêque d'Arras en l'an 1561, vers la mi-
novembre.— Il assista au concile de Trente; prononça l'oraison
funèbre d'Isabelle de France, épouse du roi Philippe II ;
donna à sa cathédrale des livres et des ornemens de grand
prix, et contribua à l'institution de l'Université de Douai. Sous
son épiscopat, la maison des *Charriottes* fut confiée aux soins
de douze religieuses de l'ordre de St.-François. — Cet évêque,
aussi éloquent que profond théologien, mourut en 1574.

52.ᵉ *Évêque d'Arras.* — Mathieu Moulart, né à St.-
Martin-sur-Cojeul, abbé de St.-Guislain, aussi fidèle à son
prince qu'à la religion catholique, fut fait évêque d'Arras dans
ces tems de trouble et de confusion où l'état et l'église étaient
également en danger. Il fit son entrée à Arras le 1.ᵉʳ octobre
1577, deux ans après sa nomination au siége de cette ville. Il
attaqua ouvertement et combattit jusqu'à la mort les nouveaux
sectaires qui nous étaient venus de la Hollande. Sous son
épiscopat, les Capucins furent admis à Arras (1591), il
consacra leur église en 1595 ; c'est dans le cours de cette
année qu'eut lieu la déclaration de guerre entre les rois de
France et d'Espagne. Le 29 mars 1597, les Français *furent
repoussés devant Arras, et spécialement par la valeur des
bourgeois de la cité, encouragés et animés par la présence*

*de cet évêque, qui se trouva courageusement sur les rem-
parts, encore qu'il fût de grand âge et assez mal habile
de corps* (*). Il mourut à Bruxelles pendant la tenue des États
généraux, le 11 juillet 1600. Ses dépouilles mortelles furent
transportées à Arras et inhumées au milieu du chœur de
Notre-Dame. Cet évêque, libéral envers les pauvres, bien-
faiteur de sa cathédrale, fonda à Douai un séminaire qui
portait son nom. Une maison de justice, dite prison de St.-
Vaast, a été construite sur le terrain qu'occupait le séminaire.

53.° *Évêque d'Arras.* — Jean du Ploich, né à Aire (Artois),
archidiacre, ensuite doyen et vicaire-général de St.-Omer,
fut nommé évêque d'Arras en 1600 par l'archiduc Albert,
dignité qu'il refusa d'abord et n'accepta qu'à la prière de ses
amis. Sacré le 6 janvier 1602, il arriva à Arras le 26 du même
mois. Ce prélat n'était pas moins savant qu'humble et modeste.
— Mort le 1.ᵉʳ juillet 1602.

56.° *Évêque d'Arras.* — Paul Boudot, Bourguignon,
docteur de Sorbonne, official, pénitentier et archidiacre
d'Arras, se distingua par son talent pour la chaire : il fut fait
évêque suffragant de Cambrai, sous le titre d'évêque de Cal-
cédoine, puis évêque de St.-Omer en 1618, enfin, d'Arras en
1626. Il composa un traité, en trois parties, sur le sacrement
de pénitence. Sous son épiscopat, un *Propre* du diocèse a été
imprimé. — Mort le 11 novembre 1635.

59.ᵉ *Évêque d'Arras.* — Étienne Moreau, docteur en
théologie, conseiller du roi, abbé et comte de St.-Josse-sur-
Mer, nommé évêque d'Arras le 28 avril 1656, fut sacré le 21
octobre 1668, dans l'église de St.-Victor, de Paris. — Mort
le 8 janvier 1670.

(*) Gazet.

On voit, aux archives départementales, le cartulaire de l'abbaye de St.-Josse, écrit de la main de ce prélat. Son cercueil en plomb, découvert récemment, porte une plaque en cuivre, sur laquelle sont gravées ses armoiries et cette inscription :

Illustrissimus et reverendissimus dominus D. Stephanus Moreau, atrebatensis episcopus, extremum diem clausit anno domini 1670.°, ætatis vero suæ 76.°, episcopatûs sui 2.°

60.° *Évêque d'Arras.* — GUI DE SÈVE DE ROCHECHOUART, docteur de Sorbonne et abbé de St.-Michel-en-Thiérache, sacré évêque d'Arras le 30 novembre 1670, fit son entrée dans cette ville le 19 mars de l'année suivante. Restaurateur de la discipline ecclésiastique, il sut la faire observer par le clergé, et préserver son troupeau des erreurs du tems et de la corruption des mœurs. Sous son épiscopat, on vit s'élever le séminaire dans la rue de Beaudimont et plusieurs établissemens religieux. Il mourut le 27 décembre 1724, après avoir gouverné l'église d'Arras pendant 55 ans. Son cercueil en plomb, trouvé dernièrement, porte une plaque en cuivre, où on voit ses armoiries et cette inscription :

Guido de Seve de Rochechouart, Parisinus, doctor Sorbonicus, episcopus atrebatensis qui vivere desiit die 27 décembris, anno episcopatûs sui LV.°, ætatis LXXXV.°, æræ christianæ 1724.

62.° *Évêque d'Arras.* — JEAN DE BONNEGUISE, né dans le diocèse de Périgueux en 1706, fut sacré évêque d'Arras le 22 octobre 1752. Il mourut frappé d'apoplexie en sortant de l'Hôtel-Dieu, l'année 1768 ou 1769. On a découvert aussi son cercueil en plomb.

Les tombeaux de presque tous les évêques d'Arras ont été

fouillés en 1793, d'après un ordre de *Bouchotte*, ministre de la guerre, en date du 2 décembre de la même année. Les cercueils en plomb ont été enlevés à l'exception de quatre, ceux des évêques *Frémaut*, *Etienne Moreau*, *Gui de Sève de Rochechouart*, *Jean de Bonneguise*. Les ossemens trouvés dans tous les caveaux des évêques, et recueillis avec soin, seront replacés avec les cercueils en plomb, d'après la décision de Monseigneur, dans le sanctuaire de la nouvelle église de St.-Nicolas ; ce sanctuaire occupera une très-grande partie de l'ancien chœur de l'église Notre-Dame.

MOSAIQUE.

—

La Mosaïque, destinée à recouvrir le cercueil de l'évêque Frémaut, occupait le centre du chœur, tandis que celui-ci était à trois mètres environ sur le côté ; on en avait peut-être agi ainsi pour la régularité, ou ce qui est plus probable, cette Mosaïque ne fut placée que quelques années après la mort du prélat, alors qu'on ne connaissait plus ou qu'on n'attachait plus une extrême importance à connaître exactement l'endroit de sa sépulture. — Cette assertion nous semble corroborée par la différence d'orthographe qu'on remarque entre le nom qu'on lit sur la Mosaïque, *Frumaldus*, et celui gravé sur la plaque de plomb incluse dans le cercueil, *Frumaudus*.

Heureusement pour sa conservation, cette Mosaïque était couverte de plusieurs pieds de terre à l'époque de la révolution ; antérieurement elle avait été restaurée.

C'est une grande dalle de pierre bleue, offrant 2 mètres 68 centimètres de longueur et 1 mètre 15 centimètres de largeur, creusée (sauf exception pour deux bandes du cadre) de la profondeur de 3 centimètres, profondeur occupée par un ciment, dans lequel sont enchassés de petits cubes irréguliers d'un centimètre de côté, jaunes, verts, bleus, rouges, blancs de plusieurs nuances, noirs. Le noir est spécialement consacré à ce qui est contour, plusieurs pierres conservent des traces non équivoques de dorures.

Cette Mosaïque se compose, d'abord, d'un cadre formé d'une première bordure qui n'est autre que la pierre elle-même ; d'une deuxième, dans laquelle sont des carrés posés en losanges et composés de lignes blanches, noires, vertes, rouges ; d'une troisième, identique à la première, sinon qu'elle est percée, de distance en distance, de petits trous alternativement circulaires et carrés, actuellement remplis d'une composition bitumineuse, et qui devaient autrefois être garnis d'incrustations ; d'une quatrième enfin, si toutefois on veut bien donner le nom à trois petites lignes, blanches, rouges, noires.

La partie encadrée se divise en trois compartimens dans le sens horizontal, deux petits et un grand.

Le premier de ces compartimens n'a plus actuellement conservé que deux ou trois petits cubes, sinon dans la partie centrale qui est occupée par la mître épiscopale.

Le deuxième compartiment porte, à droite et à gauche, inscrits en abrégé, le nom et la qualité du défunt. Le milieu en est aussi occupé par le prolongement de la mître.

Le troisième compartiment renferme le corps du prélat; il est plus que de grandeur naturelle ; ses cheveux bouclés se jouent autour de son visage, et laissent échapper, à droite et à gauche, les fanons de la mitre. L'évêque est enveloppé d'un vêtement serré, qui se termine en pointe au bas du genou. Ce vêtement est de diverses couleurs et semble vouloir imiter les étoffes à reflet qui changent de nuances suivant qu'elles sont exposées à tel ou tel jour. Au-dessous de ce vêtement est l'aube, dont le bas est largement festonné; elle laisse apercevoir les deux bouts d'une étole fort étroite. Viennent ensuite les pieds du prélat, recouverts de mules rouges, à espèces de croix blanches. Le vêtement se plisse à droite pour laisser passer une main qui bénit; la gauche, placée de haut en bas, soutient la crosse du prélat, et laisse tomber un manipule de même forme, quoiqu'un peu plus large que les deux bouts de l'étole.

Cette Mosaïque est déposée au Musée.

Appel aux Habitans d'Arras

EN FAVEUR

DE L'ÉGLISE SAINT-NICOLAS.

—

Lors du rétablissement du culte en France, après une époque de lugubre mémoire, la paroisse St.-Nicolas en la cité d'Arras, se trouva sans église : réléguée successivement dans la chapelle de l'Hôtel-Dieu d'abord, puis dans celle des religieuses Clarisses, qui ne valait pas mieux, elle se crut enfin en 1822 au moment de voir cesser cet intolérable provisoire : un terrain venait d'être acheté par la commune pour la construction d'une église en rapport avec la dignité de cure de première classe attachée à cette paroisse, comme aussi avec les besoins d'une population de 5,000 âmes. Mais, après quelques années d'hésitation, ce projet fut abandonné et le terrain revendu, quoiqu'il parût d'ailleurs parfaitement convenir à la destination que l'on avait d'abord prétendu lui donner. La Providence avait d'autres desseins, et en faisant alors échouer les vues de l'homme, elle préparait en silence les voies à l'exécution des siennes.

Rejetée encore une fois dans un provisoire qui la tuait, la paroisse St.-Nicolas ne pouvait longtems s'y soumettre : en 1835, elle réclamait du Conseil de la commune, par l'organe du Conseil de fabrique d'abord, et à plusieurs reprises, puis par voie de pétition revêtue des noms de presque tous les notables de la cité, une église en rapport avec ses besoins. Ses réclamations étaient légitimes ; le Conseil municipal ne pouvait en méconnaître la justice, ni se refuser à y faire droit. Néanmoins on fût longtems à s'entendre sur les voies et moyens, notamment sur le choix du terrain où l'on placerait la construction nouvelle. Il n'y avait guère à délibérer cependant : un terrain était là, libre de tout obstacle, choisi par le Ciel même et tout désigné par la nature de sa destination antérieure. En vain entassera-t-on projets sur projets ; en vain prétendra-t-on bâtir partout ailleurs : c'est là le lieu marqué par la Providence ; c'est là qu'il faudra en revenir. En effet, après trois longues années de réclamations d'une part et de délibérations suivies d'un vote d'ajournement de l'autre, le Conseil municipal désigna enfin pour l'emplacement de la nouvelle Eglise, le terrain de l'ancienne Cathédrale. C'était bien choisir. Une seule chose à regretter dans ce vote d'ailleurs si louable, c'est que le Conseil ait cru devoir s'obliger d'avance, par une délibération formelle, à ne point dépasser, quoiqu'il pût arriver, la somme de 100,000 francs qu'il allouait pour cette construction. C'était laisser à la fabrique la charge énorme pour une administration pauvre, de faire elle-même tous les frais de décoration intérieure. Une deuxième charge vint bientôt s'y adjoindre : le devis examiné, modifié et approuvé par l'autorité compétente, excéda de 5,000 francs la somme allouée ; la paroisse dut s'obliger à fournir ce surcroît de dépense : enfin, quand le terrain fut déblayé et qu'on se vit au moment de mettre la main à l'œuvre, on reconnut que les dimensions prises ne s'adaptaient point exactement à celles du bras de croix de l'antique édifice. Il était pourtant essentiel d'asseoir l'église nouvelle sur les fondations encore existantes de l'ancienne ; sa solidité en dépendait. Pour cela il fallait agrandir le plan primitif de quelques mètres en long comme en large : c'était une nouvelle augmentation de dépense ; et la commune se refusant à en faire les fonds, force fut à la paroisse de la prendre encore à sa charge.

Etait-ce imprudence à elle d'accepter un si lourd fardeau ? Il le fallait ; une église n'était possible qu'à cette condition. Quand la nécessité parle ferme et fort, ce n'est plus le moment de trembler, mais d'agir. Mais quelles sont ses ressources pour y faire face ? Sur quoi et sur qui compte-t-elle ? Elle compte sur elle-même d'abord, sur ses propres sacrifices, et certes elle ne les ménagera point : elle compte aussi sur l'intérêt qu'inspire à tous la nature de l'œuvre qu'elle a entreprise. Prêtres et chrétiens, amis des arts, bons citoyens, elle fait un appel à vos nobles sentimens, à vos généreuses sympathies ; son œuvre est une œuvre de religion, une œuvre d'art, une œuvre de patriotisme ; votre concours ne saurait lui faillir.

Il s'agit de relever un temple au Très-Haut et cela dans un lieu qu'il semble s'être réservé lui-même ; dans un lieu qui fut le berceau de la foi dans le diocèse. C'est là que fut bâtie la première église de l'Artois en 390, par St.-Diogène qui en fut le premier apôtre et le premier pontife. Détruite en 405 par les premiers Vandales ; deux fois brûlée, par les Normands en 881 et par le feu du ciel en 1030, toujours elle sortit de ses ruines, pour continuer, quinze siècles durant, à faire monter vers le ciel, l'encens de la prière et du sacrifice, et à répandre sur la terre les dogmes de la foi et les préceptes de la morale chrétienne. Là, reposèrent longtems les restes précieux de ses évêques, ceux de St.-Vaast lui-même ; là, repose aujourd'hui encore la cendre de vingt-quatre de ses vénérables pontifes. Faut-il parler de ses titres de gloire ? Elle a donné un pape, Clément VI, et six cardinaux à l'église.

Il s'agit de donner satisfaction aux arts outragés par un

acte de destruction déplorable, non pas sans doute en leur rendant un monument à jamais perdu pour eux, non pas en faisant revivre l'ancien édifice avec le grandiose de ses vastes proportions, avec la majestueuse harmonie de ses formes: de tels monumens une fois détruits, on ne les ressuscite point: mais il s'agit du moins, en ranimant une de ses parties, en lui rendant une vie et une forme nouvelles, à défaut de la réalité qui n'est plus, d'en retracer une image qui nous console de sa perte.

Il s'agit enfin de procurer une église à une partie considérable de la population de cette ville, seule privée, pendant de longues années, d'un local propre à l'exercice du culte qu'elle professe ; resterez-vous insensibles à tant de puissans motifs, indifférens à de si graves intérêts ? Non : vous justifierez les espérances que nous ont inspirées vos sentimens connus ; vous vous associerez à nos efforts ; et par vos dons généreux, par vos sacrifices, vous assurerez à votre ville un monument de plus et à la religion un temple digne d'elle.

Les offrandes seront reçues avec reconnaissance chez MM. Dubois, supérieur du grand séminaire; Vahé (Adolphe), rue St.-Jean-en-Ronville; Brongniart Bécourt, rue de Beaudimont ; Debray, curé de St.-Nicolas.

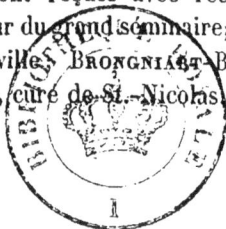

Imprimerie d'Aug. Tierny.

VUE DE LA NOUVELLE ÉGLISE S¹ NICOLAS À ARRAS.

MOSAÏQUE DU TOMBEAU DE
L'ÉVÊQUE FRÉMAUT.

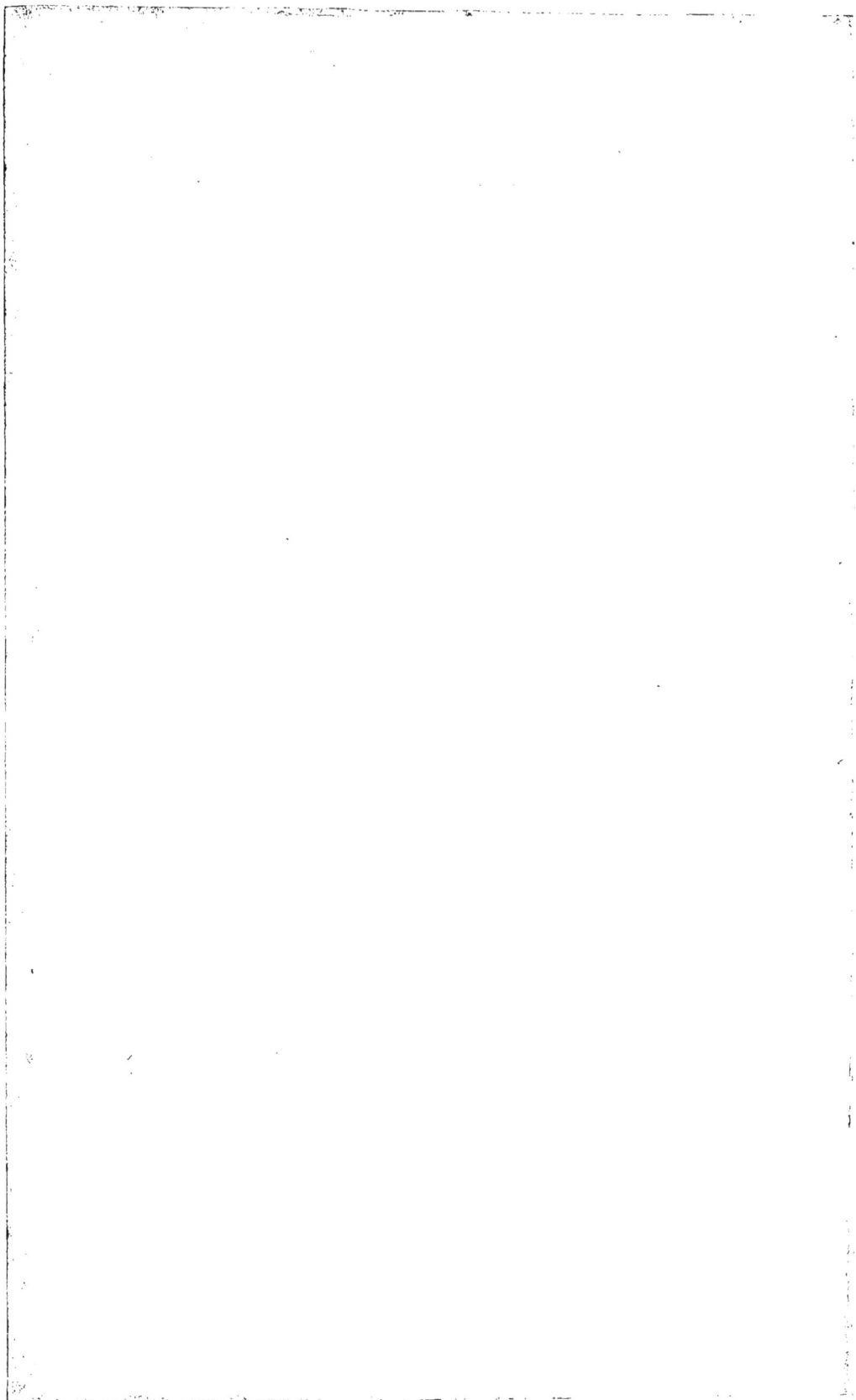